U0048501

Napoleon Hill

拿破崙・希爾

渴望的力量

成功者的致富金鑰

《思考致富》特別金賺秘訣

拿破崙・希爾 著　　姚怡平 譯

The 5 Essential Principles of

THINK & GROW RICH

The Practical Steps to Transforming Your Desires into Riches

本書內容奠基於八十餘年的

研究、訓練及明確的成果

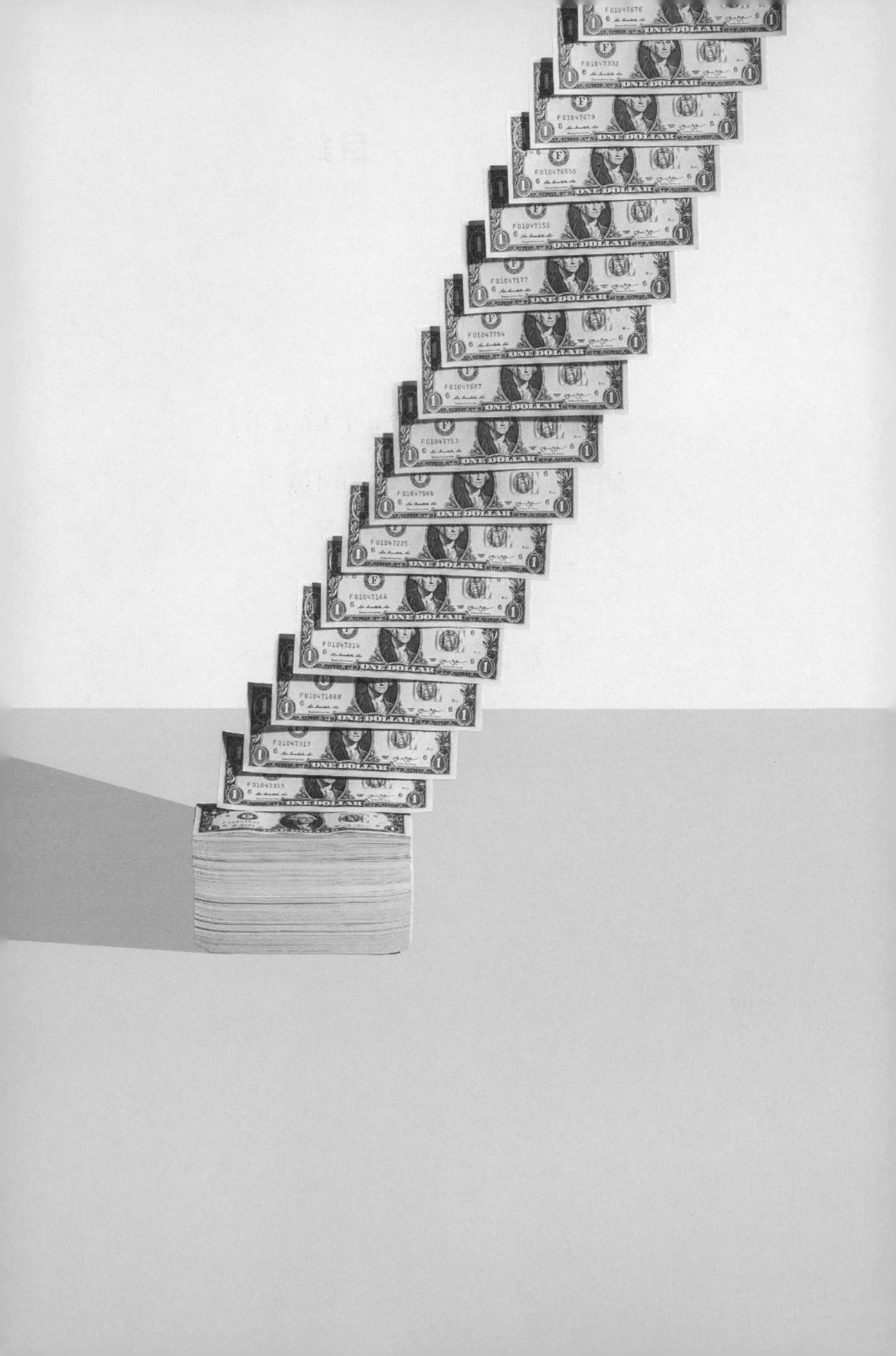

CONTENTS 目錄

序言

一九三七年，新聞工作者拿破崙．希爾（Napoleon Hill）出版第一版的《思考致富》，這本傑出鉅作足以改變人生，書中內容奠基於他與安德魯．卡內基（Andrew Carnegie）的信念，兩人都認為財富是人人皆可企及的。基於此信念，希爾訪談逾五百位白手起家的百萬富翁，以期解開成功秘訣。

拿破崙．希爾基金會的受託人很榮幸能推出《思考致富》的特別菁華版：《渴望的力量》。本書是從經典大作《思考致富》中摘錄精要內容，且選擇著眼於書名的第一個字眼：**思考**；而讀者即將閱讀的內容則是強調心智

希爾正在閱讀一九三七年第一版的《思考致富》

所具備的許多迷人力量，例如：有能力渴望及投入目標，能構思出一些手段來達到目標，能決心堅持實現目標，能讓他人付出心力以求達到目標等等。

受人信賴的希爾記錄了同時代最富裕、最成功的商業人士，還邀請他們共同合作；希爾的研究調查超過二十五年，《思考致富》於焉誕生。《渴望的力量》和《思考致富》的所有其他版本，皆傳達了成功商人的經驗：他們都是從零開始，只憑藉**想法**、**概念和條理分明的計畫**來換取財富。

本書整理出經濟發展時代最成功之美國商人所達到的實際成就，他們的人生觀以賺錢和其他類型的個人成就為目的，讀者可在此領略當中的精髓所在。書裡不僅說明**該做什麼**，還教導讀者**該怎麼做**！

拿破崙．希爾基金會在此特別菁華版中著重於以下的金賺秘訣：渴望、

人際關係學大師卡內基、美國前國務卿威廉·詹寧斯·布萊恩（William Jennings Bryan）等人於約一九一〇年時的合影。

想像力、毅力及智囊團。此外，本書也在最後一章講述「六大恐懼幽靈」。書中強調重點在於心智的力量是藉由何種方法來幫助讀者**思考致富**！

希爾曾經寫道：渴望是諸般成就的起點。那不僅是一陣渴望，更是一股炙熱的渴望。有了渴望，明確的重大使命方能就此成形；要是沒了明確的使命，就永遠無法獲致成功與幸福。當時年輕的希爾記者親眼見證萊特兄弟的初次飛行，飛機肯定是他們炙熱的渴望所帶來的勝利成果。希爾也認識湯瑪斯・愛迪生（Thomas Edison）這位發明家，愛迪生對科學與社會的進步懷抱熱切的渴望，那股渴望在同時代堪稱獨一無二，在今日或許仍是無可比擬。而希爾自己則渴望著幫天生失聰的兒子創造出近似奇蹟的發明，兒子接受父親多年幫助後，竟然開始聽見聲音，醫生們都嚇了一跳。這類炙熱渴望的例子全都詳載於本書。

希爾說，想像力有如心智的工作坊。人人都有想像力。有時，想像力會化為白日夢、靜觀或藝術創作。在《思考致富》一書，希爾強調的重點是大家應以何種方式運用想像力，以獲得財務上的成功。用你的心智之眼試想看看吧，想像力加上渴望確實能以許多方式帶來財富。本書能夠幫助你達成目標。

心智的出色之處就在於其錯綜複雜的特性。心智擁有多樣的層面與力量，毅力即是其一。擁有毅力，就得以應對失敗，並認清眼前的失敗只是暫時的挫折，是能夠克服的。希爾認為每回的逆境都帶來了相等優勢的種子，這是個卓越的見解，但仍須憑藉毅力才能有所成就。在本書的菁華內容中，

印度聖雄甘地
——約一九四〇年

美國汽車大王亨利・福特
——約一九三四年

希爾闡述人們應如何培養毅力，以及應如何認清缺乏毅力的情況並予以克服。

希爾體認到兩個心智勝過於一個心智的道理，兩個心智共同合作確實勝過於獨立行事，彼此為了共同使命而和諧行動後所造就出的成果，大過於分開進行而後加總的成果。這又是另一個跟心智力量有關的真理，在書中會詳加闡釋。亨利・福特（Henry Ford）和甘地（Mahatma Gandhi）都認可「智囊團準則」並實際應用，藉此達成了近乎不可思議的目標，兩人的故事亦詳述於本書。

希爾還認為心智的力量足以克服恐懼所引發的削弱作用。在本特別版的末章內容，希爾就戰勝六大恐懼幽靈的方法，提出了知名的詮釋，展現出心智不僅能運用「渴望」、「想像力」、「毅力」及「智囊團準則」來獲得金錢上的成功，還能克服人人都深受其擾的恐懼感，創造出長久的幸福和平靜的心智。

拿破崙・希爾基金會很榮幸能以《渴望的力量》一書呈現出這些深刻又重大的心智力量真理。許多人都向我們表示，在他們讀過的書籍當中，就屬

《思考致富》及其所有版本帶來的影響力最為深遠——或許是除了宗教經文以外吧。這本鉅作蘊含眾多永恆的寶藏，希望讀者會認同並獲益良多。

唐恩・葛林（Don M. Green）

拿破崙・希爾基金會常務董事兼受託人

假如只能推薦一本書，
那我會推薦拿破崙・希爾
的《思考致富》。

——羅伯特・赫哈維克（Robert Herjavec）
《創智贏家》（*Shark Tank*）
節目裁判與科技企業家

前言

本書各章闡述賺錢的秘訣，五百多位極其富裕的人士運用這些秘訣創造財富，而我則以他們為對象進行多年詳盡的分析。

引起我留意賺錢秘訣的人是卡內基，那已經是距今（指一九三七年）超過二十五年前的事了。這位精明可愛的蘇格蘭長者無意間把賺錢秘訣拋進我的心裡，當時我還只不過是個孩子。然後，他把背靠在椅子上舒服坐著，雙眼閃爍著愉快的光芒，細心觀察我的腦子能不能理解他話語當中蘊含的完整意義。

當他發現我領會到他的概念，就問我願不願意花二十年或更久的時間做好準備，把這些秘訣推廣到全世界。這世上的男男女女要是沒有這些秘訣，可能一輩子都會不斷失敗。我說，我願意。於是我跟卡內基先生通力合作，我信守了自己許下的諾言。

書裡的秘訣歷經成千上萬人實際檢驗，涵蓋範圍幾乎遍及各行各業。卡內基先生認為，為他帶來巨富的神奇秘訣，應該要讓沒時間研究賺錢方法的人都能加以應用。他還希望我能透過各種職業男女的經驗，檢驗並證明這些秘訣妥當無誤。他認為公立學校和學院全都應該教導這些秘訣，還表明只要正確教導秘訣，就能改革整個教育體制，花在學校的時間可以減少到一半以下。

在進入第一章之前，請容我提出一個簡短的建議，或許可當成線索，用以認清卡內基的秘訣，那就是：「所有的成就，所有賺得的財富，全都始於某個點子！」如果你已準備好遵照秘訣進行，就表示你已握有一半的秘訣，從而也能在另一半的秘訣進入你的心智時，輕而易舉地有所體認。

拿破崙・希爾

《思考致富》（一九三七年版本）作者

拿破崙・希爾基金會創辦人

〇一 渴望

DESIRE

第一章　諸般成就的起點

一九〇五年時，艾德溫．C．巴恩斯（Edwin C. Barnes）從貨運火車的車廂裡爬了下來，抵達紐澤西州橘郡。他的外貌看似流浪漢，思想卻有如國王！

他離開鐵軌，邁向愛迪生的辦公室，同時腦袋還不忘轉呀轉的。他看見自己站在愛迪生的面前，聽見自己請愛迪生給他機會，好讓他實現人生中一個強烈的念頭，那是一股炙熱的渴望——他想要成為這位偉大發明家的業務夥伴。巴恩斯的渴望不是希望！更不是願望！是發自內心、搏動不止的渴

望，足以超越一切。那是萬分明確的渴望。

五年過後，他尋求的機會終於出現。在那五年期間，他雖想達成內心渴望，但就連一線希望、一絲跡象也看不見。在大家眼裡，他看來只不過是愛迪生企業之輪的一個小齒輪；然而，在他心裡，從第一天工作起，他時時刻刻都是愛迪生的合夥人。

當年他去橘郡的時候，可沒對自己說：「我會努力說服愛迪生給我一份工作。」他對自己說的是：「我會見到愛迪生，還要告知他，我來這裡是要跟他一起做生意。」

他可沒對自己說：「我會在那裡工作幾個月，要是沒得到鼓勵的話，就辭職去別的地方找工作。」他對自己說的是：「我什麼都肯做，愛迪生叫我

愛迪生及其發電機原型
——約一九〇六年

做什麼，我就做什麼。在做完以前，我都會是他的合夥人。」

他可沒對自己說：「我會不斷找別的機會，免得在愛迪生的公司沒得到自己想要的。」他對自己說的是：「在這世上，我決心要達成一**件**事，那就是成為愛迪生的業務合夥人。我不會留後路，更賭上整個將來，我深信自己有能力得到自己想要的。」

他讓自己沒有任何後路可退——不是獲勝就是滅亡！

以上就是巴恩斯的成功故事！人長到了一定年紀，理解了金錢的效用，心裡的願望都是想要有錢。但是光憑願望，無以致富。擁有致富的渴望，還要懷著堅定不移的心態，規劃出明確的致富方法與手段，秉持不認失敗的堅毅精神，落實致富計畫，就絕對能帶來財富。

因渴望致富而採取的一套方法，可劃分為六項明確又切實的理財步驟：

第一步：定下你渴望獲得的確切金額。光說「我想要很多錢」是不夠的，金額務必要明確。

第二步：決定你想付出何種代價來換得渴望的金錢（天底下沒有「白吃的午餐」這種事）。

第三步：確立你要何時獲得渴望的財富，日期務必要明確。

第四步：擬定明確的計畫來實現你的渴望，無論你準備好了沒有，都要立刻開始把計畫化為行動。

第五步：撰寫簡潔明瞭的宣言，表明你打算獲得的金額、獲取金額的最後期限、打算付出何種代價換得財富、要以何種計畫累積財富。

第六步：大聲念出你撰寫的宣言，每天念兩次，一次睡前念，一次起床後念。

愛迪生和艾德溫・巴恩斯一起檢驗傳聲機
——約一九二一年

在這場追求財富的競賽裡，人人都應該要知道，我們居處的世界不斷變動，一向需要新的想法、新的做事方法、新的領導者、新的發明、新的教學法、新的行銷法、新的書籍、新的文宣、新的媒體與電影功能。這世界需要新奇又更好的事物，在這股需求背後，人們必須具備一項特性才能成為贏家，就是**明確的使命**，亦即知道自己想要什麼東西，並且懷有炙熱的渴望，想要擁有那樣東西。

凡是渴望累積財富者，都應謹記一點：未萌芽的機會具有看不見的無形力量，而名符其實的世界領袖向來都懂得運用及實現這些力量，還把這些力量（或一時的念頭）化為摩天大樓、城市、工廠、飛機、汽車與每一種讓生活變得更愉快的便利物品。

萊特兄弟，攝於國際飛行大賽
——一九一〇年

今日若要築夢，「耐力」與「開放的胸襟」堪稱為不可或缺又切實可行的兩大要件。若對新想法心生怯意，起步前就注定失敗。過去從來沒有一刻如今日這般適合先驅者邁步前行，當今確實不是駕篷車開拓的時期，沒有蠻荒的美國西部有待征服；眼前是寬廣的工商金融世界，有待人們重新塑造及改動方向，循著全新又更好的路線往前邁進。

當你計畫著要獲取自己的那一份財富時，千萬別受到他人影響而去輕視夢想家。在這個日新月異的世界，若要贏得莫大的勝利，就必須抓住昔日偉大先驅的精神。前人把夢想給了這個文明世界，這也是文明價值之處。前人的精神是我們國家的命脈，更是你我的良機，我們從而得以培養及行銷自己的才能。

萊特兄弟夢想著造出一架能在空中飛翔的機器，他們的夢想化為現實，如今人人在世界各地都看得到明證。

今日的世界對於新的發現已是習以為常。不！其實是這世界有意願獎勵那些把新想法給了世人的夢想家。

全世界的夢想家，覺醒吧，起身吧，發聲吧。此時此刻，你正在走好運。

這世界處處是**機會**，而機會的數量之多，更是昔日的夢想家未曾知曉的。

最偉大的成就在初萌芽之際，
有一段時間只是個夢想。

——詹姆斯・艾倫（James Allen）*

萊特兄弟的飛機在梅爾堡（Fort Meyer）上方飛翔
——約一九〇九年

*詹姆斯・艾倫：英國作家（一八六四年至一九一二年）。

亦請謹記在心，有很多成功人士一開始都不順遂，歷經幾番痛心的波折，才終於功成名就。成功人士的人生轉捩點往往出現在危機時刻，他們在危機時刻才得以認識「另一個自我」。

愛迪生是世界上最偉大的發明家與科學家，他曾經是卑微的電報員，失敗的次數不計其數，最後才在不懈的努力下，終於發現在他腦裡沉睡的天才。

蘇格蘭詩人羅伯特・伯恩斯（Robert Burns）曾經是不識字的鄉下小子，飽受貧窮之苦，長大後成了酒鬼。後來，這世間因他的存在，變得更加美好。他以詩詞傳達美麗的想法——他拔出了刺，在原處種下玫瑰。*

*指他寫下的著名詩集《一朵紅紅的玫瑰》。

橡樹在橡實裡沉睡，
鳥在蛋裡等待，
而在靈魂的至高願景裡，
即將清醒的天使翻來覆去。
夢想即是現實的幼苗。

——詹姆斯・艾倫

美國政治家布克・華盛頓（Booker T. Washington）生而為奴，因種族和膚色處處受到掣肘。他對所有議題無時無刻都是採以寬容態度，懷抱開放胸襟；他更是個**夢想家**，對美國整個國家帶來永久的影響。

音樂家貝多芬失聰、詩人米爾頓失明，但兩人的名字永恆不朽，因為他們懷抱夢想，還將夢想化為條理分明的想法。

「想要某樣東西」跟「做好獲得東西的準備」，兩者截然不同。人要等到相信自己能獲得某樣東西，才算是對那樣東西做好準備。心態必須是抱持信念才行，不是只懷有希望或願望。而開闊的胸襟則是信念的要件，封閉的胸襟無法激發信心、勇氣與信念。

有一天，我把嘴唇貼在他的乳突骨（亦即大腦底部）上面說話，竟然發現他可以相當清楚地聽見我的聲音。這樣的發現使我得以擁有必要的媒介，進而開始把炙熱的渴望化為現實，幫助兒子培養出聽力和口語能力。當時，他試著發出幾個字的聲音。雖然前景不佳，但只要有**信心支持著渴望**，沒有事情是做不到的。

我判定兒子能清楚聽見我的聲音

後，就立刻開始把「聽見聲音」與「開口説話」的渴望灌輸到他的心智裡。不久我就發現兒子很喜歡睡前故事，於是我努力創作故事，藉此培養他自立的能力、想像力，還有聽見聲音及成為正常人的熱切渴望。

這個失聰的小男孩一路念完小學、中學和大學，他平時聽不見老師的聲音，只有老師近距離大聲説話時才聽得見。他沒有念失聰學校，我們也不許他學手語。我

們下定決心，認為他應該過著正常的人生，跟一般的孩子互動交流。我們堅守這個決定，卻也因此跟校方人員多次起了爭執。

他讀高中時試戴過電子助聽器，但那東西對他而言毫無用處。我們認為原因出在於兒子六歲時發現的症狀，當時醫生在兒子頭部一側開刀，發現在那裡沒有天生的聽覺器官。

他在大學的最後一周（手術的十八年後）發生了一件事，那是他人生中最重要的轉捩點。在看似純屬偶然的機會下，他碰巧收到電子助聽器，有人寄給他試用。他之前就對類似裝置大失所望，所以沒有立刻試用。最後，他終於拿起器材，有點草率地戴在頭上，接上電池，看哪！他像是被施了一道魔法，他終生渴望獲得正常聽力，此刻竟然成真！他這輩子第一次像聽力正常的人一樣地聽到聲音了。

助聽器為他帶來**起了變化的世界**，他喜出望外，急忙衝向電話，打電話給母親，母親的聲音他聽得一清二楚。隔天，他清楚聽見教授在課堂上講話的聲音，這輩子還是第一次！他聽見了收音機的聲音，聽見了有聲影片的聲音。他這輩子第一次可以跟別人自由自在交談，對方也不用大聲說話。他確實獲得了一個起了變化的世界。我們不願接受天生的缺陷，但憑藉著**長久的渴望**堅持下去，我們以唯一務實的方法，引發大自然去修正了這項缺陷。

”

渴望正發揮作用——

一 你在人生中是怎麼區別願望與炙熱的渴望？

二 為了讓願望成真，你願不願意像巴恩斯那樣付出代價？

三 諸般成就的起點是什麼？你要如何在今日踏出第一步？

四 你知道天底下沒有白吃的午餐，那麼為求成功，你願意犧牲什麼？

五 如果你知道自己渴望什麼，那麼你相不相信自己能獲得渴望的成果？

無論心智設想什麼、
相信什麼，
只要擁有正面的心態，
就能有所成就。

——美國勵志作家拿破崙·希爾

〇二　想像力

IMAGINATION

第二章　心智工作坊

想像力其實正如工作坊，負責塑造人們制定的所有計畫。在心智想像力的協助下，念頭（即渴望）就此有了形狀、形體與**行動**。

據說凡是人想像得出來的東西就能製造出來。

在合理範圍內，人們唯一的局限就在於想像力的發展與運用。在運用想像力方面，人們尚未達到發展巔峰。人們只不過是發現自己擁有想像力，並以非常基礎的方法開始運用想像力。

工商金融界的偉大領袖，以及偉大的藝術家、音樂家、詩人、作家等等，

他們之所以偉大，是因為培養出創意十足的想像力。

渴望只是一種想法、一個念頭，朦朧不清又短暫易逝。渴望在化為實體前，都是抽象又毫無價值的。

點子是所有財富的起點。點子是想像力的產物。先來看看幾個創造巨大財富的知名點子吧，希望這些例子能就累積財富時運用想像力的方法，傳達出明確的資訊。

魔法水壺

五十年前，有位鄉下的老醫生駕駛馬車去到鎮裡，他拴好了馬，悄悄溜進藥局後門，跟年輕的藥師「討價還價」起來。

醫生這次的任務注定要為許多人創造巨大的財富。

在調劑台的後方，老醫生和藥師壓低聲音談了一小時多。醫生隨後離開，走出了門，去了馬車那裡，然後帶回一個舊式大水壺和一根大木棍（用來攪拌水壺內容物），放在店內後方。

藥師查看水壺，隨後把

手伸進口袋，拿出一卷鈔票、遞給醫生。那卷鈔票正好是五百美元整，是藥師全部的存款！

醫生把一小張紙遞給藥師，上面寫了秘方。那一小張紙上面寫的字，可說是價值連城！但對醫生而言並非如此！要有那些神奇的字眼，水壺才滾得起來，但醫生和藥師都不曉得莫大的財富注定要從水壺裡流淌出來。

老醫生樂於賣出秘方，賺得五百美元，這筆錢可償還他欠下的債務，獲得精神上的自由。藥師冒了很大的風險，他把一輩子的存款全都壓在一小張紙和舊水壺上！他從未想過自己的投資竟然會讓水壺溢出黃金，勝過阿拉丁神燈的神奇成果。

藥師真正買下的東西是**點子**！

舊水壺、木棍及紙上的秘方，只是附帶罷了。藥師後來把醫生完全不知的某樣材料混進秘方裡，水壺裡的內容物開始產生奇妙的成果。

仔細閱讀故事，測試一下你的想像力吧！看看你能不能發現藥師把何種材料加進秘方，水壺才得以溢出黃金來。閱讀時請謹記一點，這可不是一千零一夜的

故事。這故事講述的一些事實比故事還要奇妙，而這些事實全都始於**點子**的形式。

現在來看看這個點子產生的莫大黃金財富吧。從以前到現在，此點子一直讓世界各地的男男女女獲得巨大的財富，他們做的事就是把水壺的內容物分銷給數以百萬計的人們。

如今，「舊水壺」成了全球一大糖用戶，而數以千計從事甘蔗種植、蔗糖精製與行銷領域的人們也得以擁有永久性質的工作。

「舊水壺」每年消耗的玻璃瓶數以百萬計，大量玻璃工因此有工作可做。如今，這概念引發的影響遍及世界各個文明國家，把持續不斷的黃金流斟給所有觸碰黃金流的人。

水壺流出的黃金打造出美國南方極其著名的學院：艾默理大學（Emory University）。今日該家學院的地位依舊屹立不搖，數以千計的年輕人在該處接受成功所需的訓練。

「舊水壺」還造就出多件非凡事物，畢竟這是「可口可樂」起源的故事。

後來，全球陷入蕭條時期，有數以千計的工廠、銀行、商行倒閉退出，

但魔法水壺的業主卻繼續往前邁進，持續雇用世界各地的男女，還把額外的黃金份額支付給很早就對該點子有信心的人。

無論你是誰，無論你住在哪裡、從事哪個職業，將來每次看見「可口可樂」時，都要想起一件事——這個富裕又具影響力的遼闊帝國是從一個**點子**誕生茁壯的。而藥師阿薩．坎德勒（Asa Candler）在秘方裡加入的神秘材料就是——**想像力**！

的確，想法有如用具，其作用的範疇則是世界本身。

假如我有一百萬美元，我會怎麼做？

這則故事證明了以下這句老生常談所蘊藏的真理：有志者事竟成。這句話是已故的法蘭克．甘梭羅士（Frank W. Gunsaulus）對我說的。甘梭羅士是眾人敬愛的教育家和牧師，傳教生涯始於南芝加哥的牧場區。

甘梭羅士博士就讀學院期間，觀察到美國教育體制有許多缺陷。他認為自己要是能成為校長，肯定能修正那些缺陷。他最深切的渴望就是成為教育機構的領導者，教導年輕男女「從做中學」。

他下定決心要籌辦新學院，落實他的點子，不受傳統教育法的掣肘。他的計畫要實現的話，需要一百萬美元才行！這麼一大筆錢，他要去哪裡才籌得到？這位有抱負的年輕牧師的思緒，都被這問題給佔滿了。

正如成功人士那般，身為哲學家與牧師的甘梭羅士博士體認到一點，明確的使命正是我們必須著手開始的起點。他還有另一項體認，若懷抱炙熱的渴望，想將心中的使命化為現實，那麼明確的使命就會呈現出生動、有生命力與力量強大的樣貌。

甘梭羅士懂得所有宏大的真理，卻不曉得該從何處、該以何種方法籌到一百萬美元。這種時候，人們很自然地就會撒手放棄，說：「啊，嗯，我的點子很好，但我什麼也做不了，因為那必要的一百萬美元，我永遠也籌不到。」絕大多數的人都會這麼說，但甘梭羅士博士可不是這樣。他說的話、他做的事至關重要，所以我在此直接引用他說的話——

「某個星期六下午，我坐在房裡，想著哪些方法、哪些手段能募到錢，進而能實現計畫。想了將近兩年，

什麼也沒做、就只是空想！

「現在該要行動了！

「在那一刻，我當場下定決心，一星期內就要募到必要的一百萬美元。該怎麼做呢？我打電話給報社，宣布隔天早上要講道，題目是：『假如我有一百萬美元，我會怎麼做？』

「我立刻開始寫講道內容，但我得告訴你，老實說，寫稿並不難，畢竟這題目我已經準備了將近兩年，題目背後的精神已成為我的一部分！

「隔天早上，我很早起床，跪了下來，祈求今天的講道會吸引某個人的注意，提供那筆必要的錢。

「禱告的時候，我再次覺得那筆錢肯定會來。我興奮地走了出來，忘了講稿。等我站在講壇上，準備要開始講道，才發現自己的疏忽。

「回頭去拿講稿已經太遲了，也幸好我沒辦法回去拿！我的潛意識裡反而浮現出我需要的內容。我起身開始講道，閉上雙眼，發自內心講述我的夢想。我不僅是對著聽眾說話，也想像著自己是在對上帝說話。我說了自己有一百萬美元會怎麼做。我敍述了腦海裡的卓越教育機構籌辦計畫，年輕人會在那裡學習做實際的事情，同時還能培養自身的心智。

「講完道，我坐了下來，有個男人從座位上緩緩起身，朝講壇走了過來。我不曉得他要做什麼。他進入講壇，伸出手來，說：『牧師，我喜歡您的講道。您有一百萬美元的話，我相信您絕對會說到做到。為了證明我相信您，相信您的講道，請您明天早上來我的辦公室一趟，我會給您一百萬美元。

原先的阿莫科技實驗室學院。後於一九四〇年與路易斯工學院（Lewis Institute）合併為伊利諾理工學院（Illinois Institute of Technology），今日仍屹立不搖。

我叫做菲利浦・阿莫（Phillip D. Armour）*。』」

年輕的甘梭羅士去了阿莫先生的辦公室，一百萬美元就這樣交到他的手上。他用這筆錢創辦阿莫科技實驗室學院（Armour Institute of Technology）。一個點子帶來了必要的一百萬美元。

在這點子的背後，是年輕的甘梭

羅士在心裡醞釀將近兩年的渴望。

請留意以下的重要事實：他的心智做出明確的決策，決定要募到那筆錢，還決定了明確的募錢計畫，接著在三十六小時內就籌到錢了。

請留意，坎德勒與甘梭羅士博士有著共通點，兩人都知道一項震撼人心的真理——藉助明確的使命所具備的力量，再加上明確的計畫，就能把點子化為現金。

點子是無形的力量，其力量之強大，勝過於發想點子的實質大腦。創造點子的大腦回歸塵土後，點子的力量依舊長存。以基督教的力量為例吧，基

＊菲利浦．阿莫：美國肉類包裝工業家（一八三二年至一九〇一年）。

督教的力量始於簡單的點子、生於基督的大腦，主要的教義是：「你們願意人怎樣待你們，你們也要怎樣待人。」基督已經回歸來時處，但祂提出的**點子**繼續邁步向前。有一天，那點子也許會成長茁壯，獲得應得的認可，然後實現基督內心最深切的渴望。那**點子**的發展僅有兩千年，再給它一些時間吧！

成功用不著解釋，失敗容不了藉口。

想像力正發揮作用——

一 你的心智工作坊是何模樣？

二 你的工作坊為你的人生中提供了什麼？

三 如果價值觀能轉換成財富，你眼裡最重要的價值觀有哪些？

四 這些價值觀會不會把你的渴望化為實質的金錢？

五 該怎麼努力培養想像力並獲得無可限量的成就？

我們擁有的力量
足以掌控自己的想法，
我們是自身命運的主宰，
自身靈魂的船長。

——美國勵志作家拿破崙・希爾

〇三　毅力

PERSISTENCE

第三章　為獲成功而需的不懈努力

在將渴望化為等值財富的過程中，毅力是不可或缺的要素。而毅力的根基就是意志力。

絕大多數的人一見到反對的或不利的跡象時，就會準備好把自己的目標與使命拋在一旁，撒手放棄。只有少數人會不顧反對、繼續執行，直到達成目標為止，就像是福特、卡內基、洛克斐勒、愛迪生那樣的成功人士。

毅力是一種心態，因此能透過後天培養；而也正如所有的心態，毅力奠基於明確的動機，列舉如下：

1. **明確的使命**：「知道自己想要什麼」，可說是在培養毅力過程中的第一步，或許也是最重要的一步。強烈的動機會迫使人不得不克服許多困難。

2. **渴望**：在追求強烈渴望的目標時，比較容易獲得毅力並保持下去。

3. **自立**：相信自己有能力執行計畫，就更能憑藉著毅力貫徹始終地去實踐計畫。

4. **明確的計畫**：有了條理分明的計畫，就算內容可能很薄弱又很不切實際，也還是有助於養成毅力。

5. **準確的知識**：根據經驗或觀察，只要確實知道自己的計畫穩妥可行，就有助於培養毅力；但如果不是「確實瞭解」，而只是「猜測臆想」的話，則會消磨掉毅力。

6. **合作**：認同及理解別人、跟別人和諧合作，往往有助於培養毅力。

7. **意志力**：為求達成明確的使命，而把全副精神專注在制定計畫上，這種習慣能幫助培養毅力。

8. 習慣：毅力是習慣的直接產物。我們的心智會吸收日常的經驗，然後再內化成日常經驗的一部分。在所有的敵人當中，「恐懼」最為可怕；但只要我們強迫自己重複勇敢的行動，就能有效克服恐懼。凡是參戰過的軍人都懂得這個道理。

請自我評量，評估自己在哪些方面缺了「毅力」這項特質（若有的話）。鼓起勇氣，逐項衡量自己，看看自己在以上八項毅力要素當中到底缺了多少項。分析過後，或許會對自己有全新的認識。

缺乏毅力時的症狀

此處列出一些你真正的敵人，會阻礙你獲得顯著的成就。當你出現以下這類「症狀」時就表示毅力不足，也表示在毅力不足的背後有一些深層的潛意識原因。如果你真的想要認識真實的自己，想知道自己有能力做到什麼，請仔細研究這份清單，並且正視自己。凡是渴望致富的人，都必須懂得掌控及克服這些弱點。

1. 無法認清也無法明確說出自己想要什麼。

2. 拖延，而且不一定有原因（通常會用一大堆的理由和藉口來合理化）。

3. 沒有興趣獲取專業知識。

4. 猶豫不決，無時無刻「推卸責任」，因而不願正視問題（同樣是用藉口來推諉）。

5. 習慣仰賴理由藉口，不制定明確的計畫來解決問題。

6. 自我感覺良好。少有療方能治癒這種病，患者沒治好的指望了。

7. 冷漠，通常在任何情況中都準備妥協，不想面對也不起身對抗眼前的阻力。

8. 習慣把自己犯下的錯誤怪罪在別人身上，認為不利的情況在所難免。

9. 渴望微弱，原因是沒有慎選行動的動機。

10. 見到第一個失敗的跡象就心生放棄，甚至是急著放棄。

11. 缺乏條理分明的計畫，也沒有付諸文字加以分析。

12. 習慣對點子視而不見、擱置一旁，或在機會出現時沒有好好把握。

13. 習慣安於貧窮、而非追求財富。對於自己要成為什麼人、成就什麼事、想擁有什麼，普遍缺乏企圖心。

14. 滿懷夢想，卻毫無意志力。

15. 尋找所有的致富捷徑，想要不勞而獲，通常會有好賭心態，努力占盡便宜。

16. 害怕被人批評，因而無法制定計畫及付諸行動，擔心別人會怎麼想、怎麼做，或怎麼說。這個敵人是這份清單之首，因為它通常只存在我們的潛意識裡頭，不易察覺。

人們害怕被批評時會有一些症狀，現在就來看看吧。絕大多數的人會任由親戚、朋友、大眾來影響自己，懼怕遭受批評，無法過自己的人生。

一大堆人在婚姻裡犯錯，卻仍堅守當初簽下的契約，一輩子過得悲慘又不幸，只因害怕自己修正錯誤後就會遭受批評。（凡是屈服於這種恐懼感的人都很清楚這種滋味，要是摧毀了企圖心、自立能力及對成功的渴望，就會造成無可挽救的傷害。）

數以百萬計的人們在離開學校後，就不再考慮進修，只因害怕被人批評。

無以計數的男女老少任由親戚打著「責任」的名義毀掉他們的人生，只因害怕被人批評。（所謂的責任，才不需要人們屈就讓步，從而毀掉雄心壯志以及過自己人生的權利。）

人們在生意上不願冒險，只因害怕失敗後可能會招致批評。在這種情況下，相較於渴望成功，害怕被人批評而生起的恐懼感反倒更為強烈。

有太多人不願為自己設立遠大的目標，甚至對於職業的選擇也採以輕忽的態度，只因害怕「親友」的批評，那些親友可能會說：「目標不要設那麼高，不然大家會覺得你瘋了。」

人們唯一能依靠的突破機會是自己創造的，前提是運用毅力，而毅力的起點在於明確的使命。

去問問你接下來會碰見的一百個人：「人生中最想要的是什麼？」有九十八個人肯定說不出個所以然來。如果硬是要對方回答，有些人會說是安全感，許多人會說是金錢，只有少數人會說是幸福，還有人會說是名聲和權力，也有人會說是社會認可，輕鬆過活，或擁有唱歌、跳舞、寫作的能力。然而，沒有一個人能清楚定義這些名詞，至於為了實現前述含糊其詞的願望而應制定的計畫，更是毫無一絲顯示的跡象。財富不會回應願望。財富會回應的就只有明確且具體的計畫，而且透過始終如一的毅力來支持明確的渴望。

如何培養毅力

有四個簡單的步驟能幫助養成毅力。不需要過人的聰明才智，不需要特定的教育背景，只需要付出一點時間或努力就行了。四大步驟列舉如下：

1. 強烈的渴望是具體目標的後盾。

2. 制定明確的計畫，並藉由持續的付諸行動來實現。

3. 內心堅決抵抗所有令人洩氣的負面影響，例如親戚、朋友、熟人所提出的負面意見。

4. 找到一、兩個會鼓勵你貫徹計畫和使命的人，跟對方結成友善的同盟。

在各行各業，前述四大步驟是獲得成功不可或缺的要素。書中所有準則的目的就在於讓人習慣採取四大步驟。

只要依循四大步驟，就能掌握自己的經濟命運。

四大步驟能引導你思維的自由與獨立。

四大步驟可為你招來大大小小的財富。

四大步驟可引領你邁向權力、名聲和世間的認可。

四大步驟保證能帶給你有利的突破機會。

四大步驟能幫助你化夢想為現實。

四大步驟能帶領你克服恐懼、挫折和冷漠。

凡能善用四大步驟者，就能獲得豐碩的回報——也就是「把人生決定權掌握在自己的手裡、造就出你所要求之人生價值」的特權。

毅力正發揮作用——

一、為求達到目標，怎麼做才能增強意志力並創造動力？

二、你面對阻礙時有何反應？

三、要把負面反應化為正面步驟、以便培養毅力的話，該怎麼做？

四、你與目標之間有許多阻礙時，如何化不可能為可能？

五、如果「每次的失敗都附帶等值好處的種子」，那麼從迄今的失敗當中，你學到了什麼？

多數人是在
遭逢最重大的失敗後，
再多踏出一步，
才得以達到最重大的成就。

——美國勵志作家拿破崙・希爾

○四 智囊團的力量

POWER OF THE MASTER MIND

第四章　推動的力量

在累積財富的過程中，「動力」是獲得成功不可或缺的要素。若沒有足夠的動力把計畫化為實際行動，計畫就會變得遲滯無用。本章說明個人應採取何種方法獲取動力並加以運用。

動力可以定義成「條理分明且妥善應用的知識」。此處的「動力」是指有組織的充分努力，足以讓個人將渴望轉化為相應的財富。「有組織的努力」是來自於兩個人或更多人秉持和諧精神、以邁向明確目的的努力。

致富需要動力！而致富之後要守住錢財，也需要動力！

現在就來探究獲取動力的方法。如果動力是「條理分明的知識」，那麼就來細究以下的知識來源吧：

1. **無窮的智慧**：在創意十足的想像力協助下，憑藉信心與專注力，就能找到此知識來源。

2. **累積的經驗**：凡是設備完善的公立圖書館，都能找到人們累積的經驗（或者經過整理記錄的一部分經驗）。這些累積之經驗的重要部分會在公立學校與學院教授，並且分門別類編排整理。

3. **實驗與研究**：在科學領域、在幾乎各行各業裡，人們會每天蒐集新的事實並且分類整理。若透過「累積的經驗」仍無法取得所需知識時，就必須求助於此來源。在這種情況下，也得經常運用創意十足的想像力。

我們可從上述任一來源獲取知識。把知識整理成明確的計畫，並付諸行動來實現，就能將知識轉換成力量。

但探究前述三大知識來源，便不難想像，若我們只憑藉一己的努力來匯集知識、擬定明確計畫，加上還要執行的話，過程中想必是困難重重。如果個人的計畫詳盡周全、格局目標又遠大，那麼通常就必須說服別人一起合作，然後才能把不可或缺的動力灌注在計畫之中。

經由「智囊團」獲得力量

「智囊團」可以定義成「兩個人或更多人之間秉持和諧精神，協調彼此的知識與心力，以期實現明確的使命。」最初是卡內基引起我對「智囊團準則」的關注，而那已經是超過二十五年前的事了。這套準則使我決定投入一輩子的時間與心力來研究成功人士。

卡內基先生的智囊團是由五十名左右的人員組成，他讓這些人待在自己身邊，大家共同朝向「鋼鐵製造與行銷」的明確使命。他認為自己的財富全都歸功於「智囊團」累積得來的力量。

無論是累積巨大財富還是些許財富的眾多人士，只要針對這些人士的案例進行分析，就會發現他們不管有意或無意間，都善用了「智囊團準則」。

唯有智囊團準則能累積成莫大的力量！

一組電池所提供的電量勝過於一顆電池，這是眾所皆知的事實。單顆電池所提供的電量多寡則端賴其中電池片的數量和容量，這也是眾所皆知的事實。

人類大腦的運作方式與前述電池電量原理十分類似。同樣道理，有些人的大腦效率就是高過

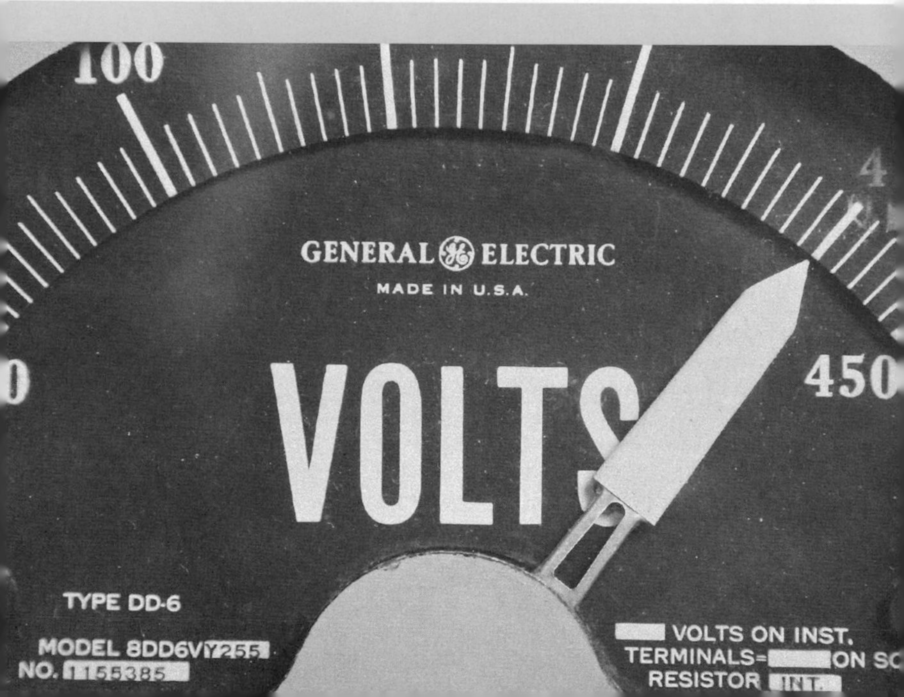

愛迪生、約翰・巴勒斯、亨利・福特
——約一九一四年

於其他人的大腦，這便歸納出了以下重點：「一群人的大腦和諧地協調（或連結），所能提供的想法能量遠勝過於一個人的大腦，正如一組電池所提供的電量勝過於一顆電池。」

由前述的隱喻當中，顯然就能立刻明白：當自己的周遭圍繞著頭腦靈光的人時，之所以能產生莫大的力量，是因為運用了「智囊團準則」這項秘訣。這從而帶出了另一個說法，能讓人更理解「智囊團準則」：一群有頭腦的人和諧地協調與合作，則藉由此團隊所創造增加的能量，得以讓團隊中的每個人都受惠。

眾所皆知，亨利・福特一開始的職涯，受到自身貧窮、不識字、缺乏知識的限制；而眾所皆知的另一件事，則是福特先生在短得不可思議的十年內，克服了前述的三項缺陷，並在二十五年內躋身為美國富豪；與此相關的還有福特先生自從與愛迪生為友後，發展可說是突飛猛進。於是你就會開始明白，一個人的心智能對另一個人的心智帶來莫大且深遠的影響。再進一步思考，福特先生最傑出的成就始於他熟識哈維・費爾斯通（Harvey Firestone）、約翰・巴勒斯（John Burroughs）及路德・博本（Luther Burbank）等聰明睿智之人*，由此亦可進一步證明團結力量大，一群人友善結盟的力量無與倫比。

亨利・福特在工商界堪稱見多識廣、消息靈通，這點自是少有疑慮。他的富裕也無須多言。在分析了福特先生的密友（有些已在前文提及）之後，就表示你已準備好理解以下的說法：

當我們以同理心與和諧精神跟他人合作時，
會耳濡目染對方的本質、習慣及思考力。

＊哈維．費爾斯通是美國汽車輪胎生產商凡士通的創始人，和亨利．福特、托馬斯．愛迪生被視為當時美國工業界三巨頭。約翰．巴勒斯則是美國博物學家、散文家，美國環保運動中的重要人物。而路德．博本是美國植物學家，園藝學家和農業科學的先驅。

當我們以同理心與和諧精神
跟他人合作時，
會耳濡目染對方的本質、
習慣及思考力。

一九二一福特T型車（Model T Ford），採鏡面拋光，攝於華盛頓特區。——約一九三八年

亨利·福特跟卓越聰明的人們結成盟友，從盟友那裡吸收了有共鳴的想法，從而擊敗了貧窮、不識字及無知。福特先生跟愛迪生、博本、巴勒斯、費爾斯通等人來往，他把四人的聰智、經驗、知識與精神力量的精髓，全都挹注於自己腦中。此外，他更活用了本書提及的「智囊團準則」。

你也可以運用智囊團準則！

再想想聖雄甘地的成就吧。聽過甘地的人或許大多會認為甘地只是個身材矮小的怪人，不穿正式服裝到處走，還專找英國政府的麻煩。

甘地其實不是怪人，他是當時力量最強大的人（此話是依據追隨者的眾多數量以及他們對這位領袖的莫大信心）。此外，他也許是有史以來力量最強大的人。他的力量或許不積極，卻十足真實。

現在就來探究甘地是採取何種方法獲得驚人的力量，或許幾個字眼就能說明了。甘地之所以擁有強大的力量，是因為他號召了逾兩億人協調合作，於身於心、秉持和諧精神，以求實現明確的使命。

簡而言之，甘地成就了一件奇蹟，他號召（而非強迫）兩億人秉持和諧精神相互合作，而且時間無限期。如果你覺得這不是奇蹟，那麼請你設法說服某兩個人和諧地合作，時間長短不限。

凡是經營管理企業者都很清楚，光是要讓員工稍加和諧地攜手合作，就不是一件容易的事。

正如你所見，在主要的動力來源清單裡，名列第一的是無窮的智慧。當兩個人或更多人秉持和諧精神協調合作、努力邁向明確目標時，就可經由這樣的結盟，準備好直接從蘊藏無窮智慧的宇宙寶庫中汲取力量——這是最偉大的力量源頭，為天才所倚賴、為偉大領袖所仰賴，無論他們自己有沒有意識到這件事實。

另外還有兩種知識來源是獲取動力時不可或缺的，不過其可靠度與人類的五感知覺不相上下。知覺感官不一定可靠，但無窮的智慧卻從不犯錯。

一九二九年股市大崩盤後，一群
民眾聚集在紐約證券交易所外。

金錢就跟古時大家閨秀般害羞且難以捉摸。而追求金錢、贏得財富的方法，就與一位堅定追愛者在追求心儀對象時所用的方法一樣。無巧不巧，「追求」金錢時的動力跟追求戀人時的動力並沒有太大差異。但這股動力必須跟信心結合起來、必須跟渴望結合起來，也必須跟毅力結合起來，才能成功用於追求財富。而且，追求者還必須制定計畫、付諸行動。

當大量錢財「滾滾而來」、流往累積金錢者時，就會如同水往低處流那般容易。這世上存在著一道宏大卻不可見的力量洪流，它一分為二，一側是往前、往上地流動，帶著這一側的人們朝向富裕；另一側則往相反方向流動，帶著不幸進入此側（且無法脫逃）的人往下沉沒於苦難貧窮之中。

凡是累積龐大財富者，都認得這條生命之河的存在。人們的思維模式構成了此生命之河。想法意念中的正面積極情感，將引領人們邁向財富之流；反之，負面消極情感則會帶著人們陷入貧窮之流。

貧窮與財富經常會易位而居。一九二九年華爾街股市崩盤時，全世界都學到了這個真理，但後來世人再也記不得那次的教訓。貧窮可以、也通常會自動取代財富的位置；但反觀財富若要取代貧窮，通常只有在縝密策劃、審慎執行時，這番改變才得以成真。然而，貧窮取代財富是不需要任何構思與計畫的，也不需要誰出手協助，畢竟貧窮本來就是大膽魯莽又無情冷酷；而財富卻是害羞又膽小，必須「博其好感」才能將之吸引到手。

任何人都能許下獲得財富的願望，而且大多數人也都會這樣做。但只有少數人才明白，唯有制定明確的計畫，再加上對財富的炙熱渴望，才是致富的可靠手段。

智囊團正發揮作用——

一 最佳計畫要有用的話，就需要動力，以將計畫轉為行動。該怎麼做才能採取行動以達到目標呢？

二 若要發揮自己的力量並採取行動，該怎麼做？

三 既然知道兩個人或更多人共心團結、運用知識後可帶來莫大成果，你可以跟誰合作呢？

四 既然理解正面積極情感與累積錢財之間的關係，有哪些負面消極的情感會阻礙你獲得財富與成功呢？

五 為了獲得成功，該怎麼做才能創造更多正面積極的情感呢？

成功之梯的頂端永遠不擠。

——美國勵志作家拿破崙．希爾

〇五 恐懼的幽靈

GHOSTS OF FEAR

第五章　如何戰勝六大恐懼幽靈

本章的用意是把焦點轉移到「六大常見恐懼」的起因和解決對策上。在掌握敵人前，必須先熟知其名號、習慣與住所，才能知己之彼。我們在閱讀時，也應詳細自我分析：請判斷是六大常見恐懼之中的哪一種（假如有的話），正糾纏著自己不放。

六大常見恐懼

人們常見的恐懼有六種，每個人都曾經遭受過其中幾種的干擾。只要不

是同時遇上這六大恐懼，就算是幸運的了。以下依照最常見的次序列舉：

恐懼**貧窮**

恐懼**批評**

恐懼**疾病**

恐懼**失戀**

恐懼**衰老**

恐懼**死亡**

其他類型的恐懼沒那麼重要，皆可歸類在前述的六種恐懼之下。

恐懼貧窮

貧窮與富裕之間沒有妥協餘地！因為通往貧窮與通往富裕的兩條路是相反方向。想要致富的話，凡是遇到會導致貧窮的狀況，就必須一律拒絕接受。（此處對「富裕」採取最廣泛的定義，是指經濟上、精神上、心理上及物質上的富裕。）而通往富裕之路的起點是渴望，第一章已完整說明如何善用渴望。本章的內容在於講述恐懼，亦會詳實說明如何做好心理準備，以能務實地運用渴望。

在六大常見恐懼之中，「恐懼貧窮」肯定是破壞力最強的；這種恐懼之所以位居首位，是因為它最難以戰勝。要揭露「恐懼貧窮」的源頭真相，必須鼓起很大的勇氣；而得鼓起更大勇氣的是，要去接受如此的真相事實。人類天生有掠奪他人財物的傾向，對於貧窮的恐懼感也由此而生。比人類低等的動物幾乎都是憑藉著生物本能行動，牠們的「思考」能力有限，因此牠們之間的掠奪只限於肉體層面。而人類擁有較優秀的直覺感知、具備思考與推理的能力，雖然不會真的去啃對方的肉、喝對方的血，但卻會在經濟上「吃掉」別人，以帶來更大的滿足感。人類貪得無厭，君不見每一條法律條文的通過，都是為了保障自身，免受他人侵害。

人們對於財富極其癡迷，再加上沒有錢會過得很辛苦，於是「恐懼貧窮」在這份清單裡名列第一。

恐懼批評

人類最初是怎麼產生這種恐懼的？沒有人能說得清楚；但可以肯定的是，人類對批評的恐懼已經高度發展。有些人認為這種恐懼感出現的時間點，大約是在政治成了一門「專業」的時候。

對批評的恐懼會剝奪人們的進取心、破壞想像力、使人們局限於自身、喪失自立的能力……，這樣的恐懼還會以其他數以百計的方式對人們造成傷害。像是父母親批評孩子，常常對孩子造成無可挽回的傷害。我小時候有個好友，他媽媽幾乎天天拿著細樹枝打他，而且打完後老是說：「你不到二十歲就會進監獄了。」結果，他十七歲就被送到少年感化院。

批評這種「服務」，每個人都「享受」得太多了；而且人人也都有一拖拉庫的意見與指教，無論別人想不想要，一律免費奉送。與我們最親近的家人朋友往往最容易冒犯到我們，如同父母親毫無必要地批評孩子時，就會在孩子心裡種下自卑情結。由此可見，我們應該視「批評」為一種罪行，而且還是性質最惡劣的。理解人性的雇主之所以能獲得員工在工作上盡心盡力，並不是透過批評，而是藉由具建設性的正面建議。父母親在孩子身上也能以此方法達到同樣的結果。「批評」只會在人們心田種下恐懼或憤恨的種子，無從建立愛或感情。

恐懼疾病

對疾病的恐懼可溯及生理和社會兩方面的傳統。就源頭來說，這種恐懼感跟恐懼衰老和恐懼死亡的起因有著密切的關聯，原因就在於對疾病的恐懼會帶著人們走向「可怕世界」的邊界。雖然人們對於「可怕世界」一無所知，但是從小到大都聽過一些令人心驚膽顫的傳聞，所以多少知道這種恐懼感。某些不道德地「販賣健康」的人，則會為了一己之利而大大煽動人們對疾病的恐懼。

有時醫生會建議患者前往氣候不同的環境以改善健康，就是因為患者需要改變「心理狀態」。恐懼疾病的種子深植於每一個人的心裡。憂慮、恐懼、挫折、對愛情與事業的失望感，都會促使這顆種子發芽成長。像是在經濟不景氣時醫生往往特別忙碌，就是因為每一種負面的想法都有可能引發疾病。

在恐懼疾病的肇因清單上，對愛情和事業的失望感名列前茅。有個年輕男子對愛情失望不已，病得住進醫院，徘徊在生死關頭好幾個月，後來院方請來暗示療法專家，這位專家換掉了原來的護理師，改由另一位年輕迷人的護理師負責照顧患者。在醫生專家的預先安排之下，她從第一天上班時就假裝自己喜歡患者。結果不到三周的時間，患者就出院了，雖然他還是在受苦，但卻是因為截然不同的「相思病」——他再度墜入了愛河。這個療法一開始雖是個騙局，但是患者和護理師日後卻結了婚。

恐懼失戀

人類天生恐懼失戀，嫉妒以及其他相似的精神病症也因而產生。在六大常見的恐懼之中，恐懼失戀的痛苦指數最高，往往會引發永久性的精神失

常，因此殘害身心的程度也可能甚於他種恐懼感。

　　對失戀的恐懼或可追溯至石器時代，當時的男人以暴力擄掠女人；如今，男人還是繼續強擄女人，只是手段改變罷了。現在的男人不用暴力、改用花言巧語，承諾贈送美麗衣物、汽車及其他「誘餌」，這些方法的成效遠高於訴諸肢體暴力。男人的習慣還是跟文明之初一模一樣，只差在以不同的方式呈現。

經仔細分析後發現，女人比男人更容易受「恐懼失戀」的影響。原因很簡單，女人從經驗中學到了兩件事：一，男人的天性是一夫多妻；二，一旦遇到競爭對手，這男人就無法信任。

恐懼衰老

基本上，恐懼衰老的源頭有兩種：一是認為變老了就無法再工作，可能會陷入貧窮；另一是迄今最常見的源頭，是長久以來的謠言、謬論和曲解，再加上死後「地獄之火的磨難」，還有利用此恐懼來奴役人類的錯誤觀念。

人們有兩項非常充足的理由恐懼衰老：一是不信任他人，認為他人會奪取自己的財產；二是對死後世界的害怕，且在人類心智成熟之前，這樣的想法早已藉由社會傳統深植於人心。

人的年紀越大，越有可能生病，這是另一項恐懼衰老的原因。此外，性能力的下降也是人們對衰老產生恐懼的原因之一，畢竟人們都不太希望失去性魅力。

但恐懼衰老最常見的原因跟陷入貧窮有關。「救濟院」這字眼可不美

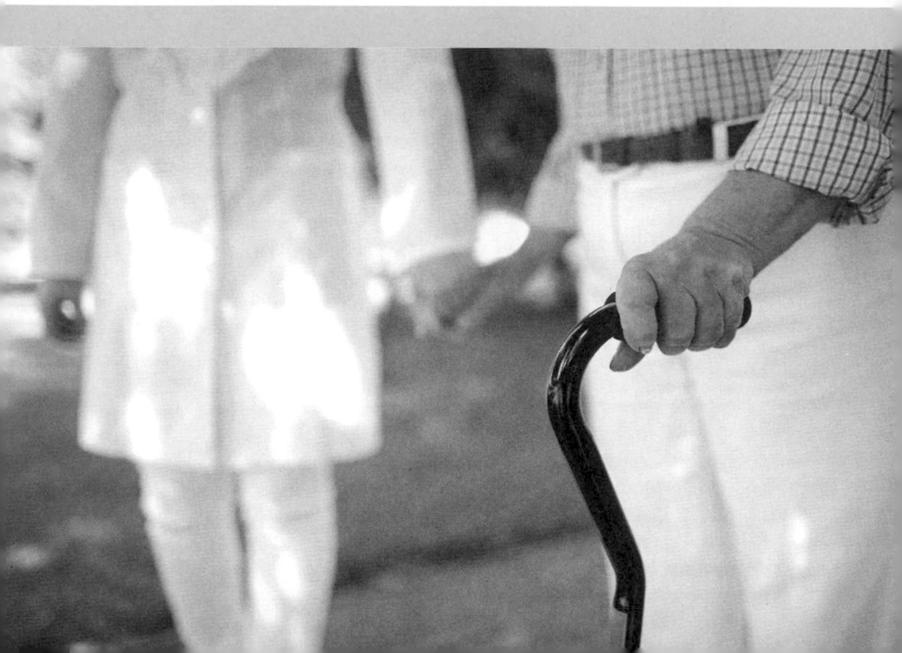

好，一想到自己有可能在救濟院度過年老力衰的晚年，就不由得打起顫來。

恐懼衰老還有另一項原因，就是有可能失去自由與獨立，畢竟年老之後有可能會失去行動上和財務上的自由。

恐懼死亡

就某些人而言，對死亡的恐懼感在六大常見恐懼中是最為殘酷的。原因顯而易見，因為光是想到死亡，就生起無比悲痛，而且在絕大多數的情況下，是宗教狂熱所造成的。所謂的「異教徒」對於死亡的恐懼反而還少於教徒。幾億年來，人類一直在問卻尚無解答的兩個問題，第一個是「我從何處來？」，另一則是「我要往何處去？」

其實，沒有人知道答案，從來沒有一個人知曉天堂地獄的樣子，也沒人曉得是不是真有天堂地獄。人們因為缺少正確知識，才會敞開心門、讓騙子趁虛而入。騙子以慣用的騙術，加上各種以敬神為名的詐欺哄拐手法，控制人們的心智。

這種恐懼無濟於事。無論一個人對死亡有何想法，死亡終將到來。你要接受死亡必然發生，把憂慮從心裡逐出。死亡是人所必經，你我都要面對。或許，死亡並

沒有我們想像的那麼可怕。

整個世界只由這兩種元素組成：能量與物質。根據基礎物理學，物質與能量（亦即人類所知的唯二現實）無法被創造，也無法被消滅。物質與能量都可以轉換，但無法被消滅。

若真要說，生命就是一種能量。如果能量與物質不滅，生命當然也是不滅。生命正如其他形式的能量，無法被消滅，卻可透過各種轉換或變化的過程而延續。死亡純粹是一種轉換形式。

如果死亡不純然是改變或轉換的一種型式，那麼在人死之後，就只是安詳永恆的漫長睡眠，而睡眠沒什麼好怕的。如此想來，就能永遠滅除人們對死亡的恐懼感。

憂慮

憂慮是一種奠基於恐懼的心態。憂慮的作用緩慢卻持久，且隱而不顯，在暗地裡危害人們。它一步步地扎根人心，最終將摧毀人們的理智、消滅自信心與進取心。憂慮是猶豫不決所導致的一種長久恐懼，因此還算是可以掌控的心態。

請拿出決心，告訴自己：人生沒有什麼好值得憂慮的，如此就能終結各種憂慮的習慣。當你做了這個決定後，心靈會隨之定靜，想法也將跟著沉穩，進而能獲得幸福。

人心若是充滿恐懼，不僅會破壞自身的理智行動，連帶也會把具有破壞性的意識振動傳送到他人心裡，還會破壞別人的理智行動。

你在人生中要做的事或許是獲得成功。然而若要成功，就必須先尋求內心的寧靜及滿足生活的物質需求，而最重要的，就是要得到幸福。所有證據在在顯示：成功始於意念。

你可以掌控自己的心智，也有能力把所選擇的意念灌注於心智。這是你的特權，也是你的責任，你得要正確使用才行。你可以主宰自己的命運，正如你有力量掌控自己的想法。你可以影響、指引、最終掌控自己的周遭狀況，把人生打造成自己想要的模樣。你也可以忽視你的人生特權，按別人的意思來過活，把自己拋到遼闊的「境遇」海洋，隨波逐流，在命運的大海中載浮載沉。

第七種禍害

除了前處的六大常見恐懼外，人們還受苦於另一種邪惡勢力，它有如肥沃的土壤，失敗的種子在此大量萌芽生長。這種邪惡禍患隱而不顯，人們往往未能察覺到其存在。由於沒有更貼切的名詞來命名，姑且稱之為「易受負面影響」吧。

你之所以能輕易地保護自己免受搶劫掠奪，是因為法律保障了你的安全與利益。然而，「第七種禍害」卻棘手得多、難以戰勝，原因就在於無論你是沉睡還是清醒，它都會在你渾然不知時就襲擊你。此外，它使用的是無形武器，純由心態建構而成。這種禍害也很危險，畢竟它襲擊的方式非常多樣化。有時，它會經由親戚的善意言語進入你心；有時，它會從你自身的心態下手，由內心深處冒出來。它向來如毒藥般致命，只是速度可能沒那麼快。

如何保護自己不受負面影響

無論此負面影響是自己創造出來的，還是周遭充滿負能量的人們所導致，總之，為了避免自己受到負面影響，你必須認清自己擁有意志力，而且還要經常運用意志力，直到在你心裡建造出一道保護牆，得以阻擋負面影響的侵襲。

認清自己和每個人的本性都是懶惰又冷漠，而且容易受影響，尤其是與自身弱點一致的負面暗示。

認清自己在本性上容易受到六大恐懼的影響，還要為了對抗六大恐懼，培養若干習慣。

認清負面影響通常會經由你的潛意識來影響你，所以才難以察覺。請不要理會以任何方式讓你感到沮喪或氣餒的人。

清空你的藥櫃，丟掉全部的藥瓶，別再誘使感冒、疼痛及其他想像的疾病出現。

請刻意找出會激勵你為自己思考及行動的人們，常跟他們相處。

別直想著困境要出現了，畢竟困境往往不負你的期待。

人類最常見的弱點，肯定就是慣於敞開心門、任憑他人的負面影響侵門踏戶。這項弱點之所以會造成更大的損害，是因為多數人沒有認清自己受苦於此，還有許多人雖然承認，卻疏於或不願修正這項壞習慣，最後任由它失控而不可收拾。

人們唯一享有絕對掌控權的就是掌控自己的想法，這是人類在所有已知事實當中，最重大、也最具啟發性的！這點還反映出人類的神聖性。「掌控自己想法」的神聖特權是你掌握命運時可採取的唯一手段。若無法掌控自己的心智，那麼肯定什麼也掌控不了。

對心智的掌控是自律與習慣所帶來的結果。人要嘛能掌控心智，要嘛就反過來受心智所控制，兩者之間沒有折衷的餘地。在所有掌控心智的方法當中，最切實的方法就是養成習慣、讓心智忙於有具體計畫的明確使命。

研究調查成就斐然人士的紀錄，就會發現他們懂得掌控自己的心智，更會加以善用以邁向明確的目標。若是欠缺掌控心智的能力，就不可能成功。

有名的藉口

不成功的人們有一項獨特的共通點：很清楚失敗的種種原因，還編出自以為密不可透的藉口，用來辯解自己何以一事無成。

有些藉口很高明，還有少數的藉口從事實上看來很合理。然而，利用藉口是無法獲取財富的。世人只想知道一件事——你有沒有成功？

性格分析師依據最常用的藉口，編纂了一份清單。閱讀清單時請仔細檢視自己，看看其中有多少藉口是你會用的（若有的話）。亦請記住，本書提出的人生觀能讓每一個藉口都起不了作用。

假如我有錢的話……

假如我受過良好的教育……

假如我找得到工作……

假如我很健康的話……

假如我有時間的話……

假如時機更好的話……

假如別人了解我的話……
假如我遇得到「適合的人」……
假如我有某些人的天分……
假如我有自由的話……
假如我有某些人的性格……
假如我有吸引力的話……
假如別人不是那麼笨的話……
假如我有勇氣看清真實的自己……

真正重要的唯一藉口是最後一個：如果我們全都有勇氣看清自己並相信自己，就能創造出夢想人生。請把這樣的想法引導到合乎常情的結論：「假如我有勇氣看清真實的自己，就找得到自己出了什麼問題並加以修正，然後也許有機會得益於自身的錯誤，並從別人的經驗裡學到東西。畢竟我也很清楚自己出了問題，或許，假如我能花更多時間分析自己的弱點，花更少時間編造藉口、掩蓋弱點，現在就會是自己該成為的樣子。」

編造藉口、替失敗辯解，幾乎是全民運動了。這個習慣自古流傳已久，足以扼殺成就！為什麼人們會死守著自己喜愛的藉口呢？答案顯而易見，人們替自己的藉口辯護，因為那是人們自己編造出來的！藉口是想像力創造出的孩子，人的本性就是會為自己大腦生出的孩子辯護。

編造藉口是根深柢固的習慣。這種習慣難以破除，而且只要這個藉口能合理化自己的所做所為，就更難打破它了。然而，正如本書摘述的所有準則，其回報之大，值得你付出努力。你願意毫不懷疑、現在就開始實踐嗎？

恐懼的幽靈正發揮作用——

一 哪一種恐懼最有可能擊敗你會有的渴望或計畫？

二 要擊敗自己的恐懼、從而成功運用心智，該怎麼做？

三 你已認清猶豫不決是恐懼的幼苗，該怎麼做才能有信心地選擇？

四 對於自己的心態，要如何握有必要的掌控權？

五 你已體認到財富和貧窮皆是心態，那麼你該怎麼定義成敗？如何把自己長久以來的心態打造為成功心態呢？

人生有如棋盤，

坐在你對面的棋手就是時間。

如果你在移動前有所遲疑，

或者態度輕忽、貿然移動，

那麼時間就會在棋盤上除掉你的棋子。

你猶豫不決，對手可不會寬待！

——美國勵志作家拿破崙・希爾

所有的成就，

所有賺得的財富，

全都始於某個想法。

——美國勵志作家拿破崙・希爾

◎書中圖片、照片來源

頁 3、4、18：PM Images/Getty Images
頁 9 ：New York World-Telegram and the Sun Newspaper Photograph Collection, Library of Congress, LC-USZ62-136395
頁 11：Prints and Photograph Division, Library of Congress, LC-DIG-13610
頁 14：Prints and Photograph Division, Library of Congress, LC-USZ62-78374 Keystone-France/ Getty Images、Keystone-France/Getty Images
頁 25：Todd Diemer/Unsplash
頁 27：Prints and Photograph Division, Library of Congress, LC-DIG-ds-10048
頁 31：Thomas Edison Ediphone: Prints and Photograph Division, Library of Congress, LC-USZ62-55337
頁 33：Prints and Photograph Division, Library of Congress, LC-USZ62-5515
頁 36、37：Prints and Photograph Division, Library of Congress, LC-DIG-hec-06070
頁 41：Prints and Photograph Division, Library of Congress, LC-USZ62-119898
頁 43：Evgeny Atamanenko/Shutterstock.com
頁 44：George Hodan/PublicDomainPicture.net
頁 51：Dashu83/Freepik
頁 53：Lennart Tangeused under Creative Commons
頁 55：ASISAK INTACHAI/Shutterstock.com
頁 56：Jannoon028/Freepik
頁 58：Mrsiraphol/Freepik
頁 61：Petr Kratochvil/PublicDomainPictures.net
頁 64：Joe Ravi/Shutterstock.com
頁 71：jcomp/Freepik
頁 77：pathdoc/Shutterstock.com
頁 89：2happy/stockvault
頁 93：Thomas Kelly/Unsplash
頁 94：Prints and Photograph Division, Library of Congress, LC-USZ62-131044
頁 98、99：Harris & Ewing Collection, Prints and Photograph Division, Library of Congress, LC-DIG-hec-24503
頁 101：Arthur Simon/Shutterstock.com
頁 103：Ramiro Mendes/Unsplash
頁 104：Prints and Photograph Division, Library of Congress, LC-USZ62-123429
頁 113：Jack Woodward/Unsplash
頁 121：Freepik
頁 123：pressfoto/Freepik
頁 125：Syda Productions/Shutterstock.com
折口作者照片：Prints and Photograph Division, Library of Congress, LC-USZ62-136394

橡樹林文化 ❖❖ 衆生系列 ❖❖ 書目

JP0067	下面那裡怎麼了？	莉莎・瑞金◎著	400 元
JP0068	極密聖境・仰桑貝瑪貴	邱常梵◎著	450 元
JP0069	停心	釋心道◎著	380 元
JP0070	聞盡	釋心道◎著	380 元
JP0071	如果你對現況感到倦怠……	威廉・懷克羅◎著	300 元
JP0072	希望之翼： 倖存的奇蹟，以及雨林與我的故事	茱莉安・柯普科◎著	380 元
JP0073	我的人生療癒旅程	鄧嚴◎著	260 元
JP0074	因果，怎麼一回事？	釋見介◎著	240 元
JP0075	皮克斯動畫師之紙上動畫《羅摩衍那》	桑傑・帕特爾◎著	720 元
JP0076	寫，就對了！	茱莉亞・卡麥隆◎著	380 元
JP0077	願力的財富	釋心道◎著	380 元
JP0078	當佛陀走進酒吧	羅卓・林茲勒◎著	350 元
JP0079	人聲，奇蹟的治癒力	伊凡・德・布奧恩◎著	380 元
JP0080	當和尚遇到鑽石 3	麥可・羅區格西◎著	400 元
JP0081	AKASH 阿喀許靜心 100	AKASH 阿喀許◎著	400 元
JP0082	世上是不是有神仙：生命與疾病的真相	樊馨蔓◎著	300 元
JP0083	生命不僅僅如此—辟穀記（上）	樊馨蔓◎著	320 元
JP0084	生命可以如此—辟穀記（下）	樊馨蔓◎著	420 元
JP0085	讓情緒自由	茱迪斯・歐洛芙◎著	420 元
JP0086	別癌無恙	李九如◎著	360 元
JP0087	甚麼樣的業力輪迴，造就現在的你	芭芭拉・馬丁＆狄米崔・莫瑞提斯◎著	420 元
JP0088	我也有聰明數學腦：15 堂課激發被隱藏的競爭力	盧采嫻◎著	280 元
JP0089	與動物朋友心傳心	羅西娜・瑪利亞・阿爾克蒂◎著	320 元
JP0090	法國清新舒壓著色畫 50：繽紛花園	伊莎貝爾・熱志－梅納＆紀絲蘭・史朶哈＆克萊兒・摩荷爾－法帝歐◎著	350 元
JP0091	法國清新舒壓著色畫 50：療癒曼陀羅	伊莎貝爾・熱志－梅納＆紀絲蘭・史朶哈＆克萊兒・摩荷爾－法帝歐◎著	350 元
JP0092	風是我的母親	熊心、茱莉・拉肯◎著	350 元
JP0093	法國清新舒壓著色畫 50：幸福懷舊	伊莎貝爾・熱志－梅納＆紀絲蘭・史朶哈＆克萊兒・摩荷爾－法帝歐◎著	350 元
JP0094	走過倉央嘉措的傳奇：尋訪六世達賴喇嘛的童年和晚年，解開情詩活佛的生死之謎	邱常梵◎著	450 元
JP0095	【當和尚遇到鑽石 4】愛的業力法則： 西藏的古老智慧，讓愛情心想事成	麥可・羅區格西◎著	450 元

JP0096	媽媽的公主病： 活在母親陰影中的女兒，如何走出自我？	凱莉爾．麥克布萊德博士◎著	380 元
JP0097	法國清新舒壓著色畫 50：璀璨伊斯蘭	伊莎貝爾．熱志－梅納＆紀絲蘭．史朵哈＆克萊兒．摩荷爾－法帝歐◎著	350 元
JP0098	最美好的都在此刻：53 個創意、幽默、 找回微笑生活的正念練習	珍．邱禪．貝斯醫生◎著	350 元
JP0099	愛，從呼吸開始吧！ 回到當下、讓心輕安的禪修之道	釋果峻◎著	300 元
JP0100	能量曼陀羅：彩繪內在寧靜小宇宙	保羅．霍伊斯坦、狄蒂．羅恩◎著	380 元
JP0101	爸媽何必太正經！ 幽默溝通，讓孩子正向、積極、有力量	南琦◎著	300 元
JP0102	舍利子，是甚麼？	洪宏◎著	320 元
JP0103	我隨上師轉山：蓮師聖地溯源朝聖	邱常梵◎著	460 元
JP0104	光之手：人體能量場療癒全書	芭芭拉．安．布藍能◎著	899 元
JP0105	在悲傷中還有光： 失去珍愛的人事物，找回重新聯結的希望	尾角光美◎著	300 元
JP0106	法國清新舒壓著色畫 45：海底嘉年華	小姐們◎著	360 元
JP0108	用「自主學習」來翻轉教育！ 沒有課表、沒有分數的瑟谷學校	丹尼爾．格林伯格◎著	300 元
JP0109	Soppy 愛賴在一起	菲莉帕．賴斯◎著	300 元
JP0110	我嫁到不丹的幸福生活：一段愛與冒險的故事	琳達．黎明◎著	350 元
JP0111	TTouch® 神奇的毛小孩按摩術——狗狗篇	琳達．泰林頓瓊斯博士◎著	320 元
JP0112	戀瑜伽．愛素食：覺醒，從愛與不傷害開始	莎朗．嘉儂◎著	320 元
JP0113	TTouch® 神奇的毛小孩按摩術——貓貓篇	琳達．泰林頓瓊斯博士◎著	320 元
JP0114	給禪修者與久坐者的痠痛舒緩瑜伽	琴恩．厄爾邦◎著	380 元
JP0115	純植物．全食物：超過百道零壓力蔬食食譜， 找回美好食物真滋味，心情、氣色閃亮亮	安潔拉．立頓◎著	680 元
JP0116	一碗粥的修行： 從禪宗的飲食精神，體悟生命智慧的豐盛美好	吉村昇洋◎著	300 元
JP0117	綻放如花——巴哈花精靈性成長的教導	史岱方．波爾◎著	380 元
JP0118	貓星人的華麗狂想	馬喬．莎娜◎著	350 元
JP0119	直面生死的告白—— 一位曹洞宗禪師的出家緣由與說法	南直哉◎著	350 元
JP0120	OPEN MIND！房樹人繪畫心理學	一沙◎著	300 元
JP0121	不安的智慧	艾倫．W．沃茨◎著	280 元
JP0122	寫給媽媽的佛法書： 不煩不憂照顧好自己與孩子	莎拉．娜塔莉◎著	320 元
JP0123	當和尚遇到鑽石 5：修行者的祕密花園	麥可．羅區格西◎著	320 元

JP0124	貓熊好療癒：這些年我們一起追的圓仔～～頭號「圓粉」私密日記大公開！	周咪咪◎著	340 元
JP0125	用血清素與眼淚消解壓力	有田秀穗◎著	300 元
JP0126	當勵志不再有效	金木水◎著	320 元
JP0127	特殊兒童瑜伽	索妮亞．蘇瑪◎著	380 元
JP0128	108 大拜式	JOYCE（翁憶珍）◎著	380 元
JP0129	修道士與商人的傳奇故事：經商中的每件事都是神聖之事	特里．費爾伯◎著	320 元
JP0130	靈氣實用手位法——西式靈氣系統創始者林忠次郎的療癒技術	林忠次郎、山口忠夫、法蘭克．阿加伐．彼得◎著	450 元
JP0131	你所不知道的養生迷思——治其病要先明其因，破解那些你還在信以為真的健康偏見！	曾培傑、陳創濤◎著	450 元
JP0132	貓僧人：有什麼好煩惱的喵～	御誕生寺（ごたんじょうじ）◎著	320 元
JP0133	昆達里尼瑜伽——永恆的力量之流	莎克蒂．帕瓦．考爾．卡爾薩◎著	599 元
JP0134	尋找第二佛陀．良美大師——探訪西藏象雄文化之旅	寧艷娟◎著	450 元
JP0135	聲音的治療力量：修復身心健康的咒語、唱誦與種子音	詹姆斯．唐傑婁◎著	300 元
JP0136	一大事因緣：韓國頂峰無無禪師的不二慈悲與智慧開示（特別收錄禪師台灣行腳對談）	頂峰無無禪師、天真法師、玄玄法師◎著	380 元
JP0137	運勢決定人生——執業 50 年、見識上萬客戶資深律師告訴你翻轉命運的智慧心法	西中　務◎著	350 元
JP0138	心靈花園：祝福、療癒、能量——七十二幅滋養靈性的神聖藝術	費絲．諾頓◎著	450 元
JP0139	我還記得前世	凱西．伯德◎著	360 元
JP0140	我走過一趟地獄	山姆．博秋茲◎著 貝瑪．南卓．泰耶◎繪	699 元
JP0141	寇斯的修行故事	莉迪．布格◎著	300 元
JP0142	全然接受這樣的我：18 個放下憂慮的禪修練習	塔拉．布萊克◎著	360 元
JP0143	如果用心去愛，必然經歷悲傷	喬安．凱恰托蕊◎著	380 元
JP0144	媽媽的公主病：活在母親陰影中的女兒，如何走出自我？	凱莉爾．麥克布萊德博士◎著	380 元
JP0145	創作，是心靈療癒的旅程	茱莉亞．卡麥隆◎著	380 元
JP0146	一行禪師　與孩子一起做的正念練習：灌溉生命的智慧種子	一行禪師◎著	450 元
JP0147	達賴喇嘛的御醫，告訴你治病在心的藏醫學智慧	益西．東登◎著	380 元

JP0148	39 本戶口名簿：從「命運」到「運命」，用生命彩筆畫出不凡人生	謝秀英◎著	320 元
JP0149	禪心禪意	釋果峻◎著	300 元
JP0150	當孩子長大卻不「成人」……接受孩子不如期望的事實、放下身為父母的自責與內疚，重拾自己的中老後人生！	珍．亞當斯博士◎著	380 元
JP0151	不只小確幸，還要小確「善」！每天做一點點好事，溫暖別人，更為自己帶來 365 天全年無休的好運！	奧莉．瓦巴◎著	460 元
JP0154	祖先療癒：連結先人的愛與智慧，解決個人、家庭的生命困境，活出無數世代的美好富足！	丹尼爾．佛爾◎著	550 元
JP0155	母愛的傷也有痊癒力量：說出台灣女兒們的心裡話，讓母女關係可以有解！	南琦◎著	350 元
JP0156	24 節氣　供花禮佛	齊云◎著	550 元
JP0157	用瑜伽療癒創傷：以身體的動靜，拯救無聲哭泣的心	大衛．艾默森、伊麗莎白．賀伯◎著	380 元
JP0158	命案現場清潔師：跨越生與死的斷捨離．清掃死亡最前線的真實記錄	盧拉拉◎著	330 元
JP0159	我很瞎，我是小米酒：台灣第一隻全盲狗醫生的勵志犬生	杜韻如◎著	350 元
JP0160	日本神諭占卜卡：來自眾神、精靈、生命與大地的訊息	大野百合子◎著	799 元
JP0161	宇宙靈訊之神展開	王育惠、張景雯◎著繪	380 元
JP0162	哈佛醫學專家的老年慢療八階段：用三十年照顧老大人的經驗告訴你，如何以個人化的照護與支持，陪伴父母長者的晚年旅程。	丹尼斯．麥卡洛◎著	450 元
JP0163	入流亡所：聽一聽•悟、修、證《楞嚴經》	頂峰無無禪師◎著	350 元
JP0165	海奧華預言：第九級星球的九日旅程．奇幻不思議的真實見聞	米歇．戴斯馬克特◎著	400 元
JP0166	希塔療癒：世界最強的能量療法	維安娜．斯蒂博◎著	620 元
JP0167	亞尼克　味蕾的幸福：從切片蛋糕到生乳捲的二十年品牌之路	吳宗恩◎著	380 元
JP0168	老鷹的羽毛——一個文化人類學者的靈性之旅	許麗玲◎著	380 元
JP0169	光之手 2：光之顯現——個人療癒之旅．來自人體能量場的核心訊息	芭芭拉．安．布藍能◎著	1200 元

The Five Essential Principles of Think and Grow Rich
©2018 Napoleon Hill Foundation
Complex Chinese translation copyright © 2020 by Oak Tree Publishing.
Al Rights Reserved.

眾生系列　JP0170

渴望的力量：成功者的致富金鑰．《思考致富》特別金賺秘訣

The 5 Essential Principles of Think and Grow Rich:
The Practical Steps to Transforming Your Desires into Riches

作　　者／拿破崙．希爾（Napoleon Hill）
中　　譯／姚怡平
責任編輯／游璧如
業　　務／顏宏紋

總 編 輯／張嘉芳
出　　版／橡樹林文化
城邦文化事業股份有限公司
104 台北市民生東路二段 141 號 5 樓
電話：(02)2500-7696　傳眞：(02)2500-1951
發　　行／英屬蓋曼群島商家庭傳媒股份有限公司城邦分公司
104 台北市中山區民生東路二段 141 號 2 樓
客服服務專線：(02)25007718；25001991
24 小時傳眞專線：(02)25001990；25001991
服務時間：週一至週五上午 09:30 ～ 12:00；下午 13:30 ～ 17:00
劃撥帳號：19863813　戶名：書虫股份有限公司
讀者服務信箱：service@readingclub.com.tw
香港發行所／城邦（香港）出版集團有限公司
香港灣仔駱克道 193 號東超商業中心 1 樓
電話：(852)25086231　傳眞：(852)25789337
Email: hkcite@biznetvigator.com
馬新發行所／城邦（馬新）出版集團【Cité (M) Sdn.Bhd. (458372 U)】
41, Jalan Radin Anum, Bandar Baru Sri Petaling,
57000 Kuala Lumpur, Malaysia.
電話：(603) 90578822　傳眞：(603) 90576622
Email：cite@cite.com.my

內頁排版／歐陽碧智
封面設計／兩棵酸梅
印　　刷／韋懋實業有限公司

初版一刷／ 2020 年 4 月
ISBN ／ 978-986-98548-8-7
定價／ 350 元

城邦讀書花園
www.cite.com.tw

版權所有．翻印必究（Printed in Taiwan）
缺頁或破損請寄回更換

國家圖書館出版品預行編目（CIP）資料

渴望的力量：成功學之父的致富金鑰．《思考致富》特別菁華版 / 拿破崙．希爾（Napoleon Hill）著；姚怡平譯 . -- 初版 . -- 臺北市：橡樹林文化，城邦文化出版：家庭傳媒城邦分公司發行，2020.04
面；　公分 . --（眾生；JP0170）
譯自：The 5 essential principles of think & grow rich : the practical steps to transforming your desires into riches
ISBN 978-986-98548-8-7（平裝）

1. 職場成功法

494.35　　109004186

廣　告　回　函
北區郵政管理局登記證
北台字第10158號

郵資已付　免貼郵票

104 台北市中山區民生東路二段 141 號 5 樓

城邦文化事業股份有限公司

橡樹林出版事業部　收

請沿虛線剪下對折裝訂寄回，謝謝！

橡|樹|林

書名：渴望的力量：成功者的致富金鑰．《思考致富》特別金賺秘訣

書號：JP0170

橡樹林文化
讀者回函卡

感謝您對橡樹林出版社之支持，請將您的建議提供給我們參考與改進；請別忘了給我們一些鼓勵，我們會更加努力，出版好書與您結緣。

姓名：________________ □女 □男 生日：西元__________年

Email：____

● 您從何處知道此書？

□書店 □書訊 □書評 □報紙 □廣播 □網路 □廣告 DM

□親友介紹 □橡樹林電子報 □其他______________

● 您以何種方式購買本書？

□誠品書店 □誠品網路書店 □金石堂書店 □金石堂網路書店

□博客來網路書店 □其他____________

● 您希望我們未來出版哪一種主題的書？（可複選）

□佛法生活應用 □教理 □實修法門介紹 □大師開示 □大師傳記

□佛教圖解百科 □其他______________

● 您對本書的建議：

____

____

____

非常感謝您提供基本資料，基於行銷及客戶管理或其他合於營業登記項目或章程所定業務需要之目的，家庭傳媒集團（即英屬蓋曼群商家庭傳媒股分有限公司城邦分公司、城邦文化事業股分有限公司、書虫股分有限公司、墨刻出版股分有限公司、城邦原創股分有限公司）於本集團之營運期間及地區內，將不定期以MAIL訊息發送方式，利用您的個人資料於提供讀者產品相關之消費與活動訊息，如您有依照個資法第三條或其他需服務之務，得致電本公司客服。

我已經完全了解左述內容，並同意本人資料依上述範圍內使用。

____________________（簽名）